Aflatoxina un Enemigo Silencioso

Hugo Javier Leguizamon Garcete

Bibliographic information published by the German National Library:

The German National Library lists this publication in the National Bibliography; detailed bibliographic data are available on the Internet at http://dnb.dnb.de.

ISBN: 9783346857774
This book is also available as an ebook.

UNIVERSIDAD LA PAZ

QUÍMICA Y FARMACIA

TRABAJO FIN DE GRADO

AFLATOXINA UN ENEMIGO SILENCIOSO

Responsable

Hugo Javier Leguizamón Garcete

Ciudad del Este, 2022

Contenido

RESUMEN IV

ABSTRACT V

INTRODUCCIÓN 1

   Antecedentes 1

   Justificación 2

   Planteamiento del problema.. 2

PRIMERA PARTE: 3

FUNDAMENTACIÓN TEÓRICA.. 3

   Micotoxina. Concepto... 3

   La formación de las Micotoxinas... 3

   Impacto en la Cadena Alimentarias. 4

   Efectos tóxicos en la Salud Humana. 4

   Factores que tienen influencia sobre la toxicidad de las micotoxinas................. 5

   Especies fúngicas productoras de micotoxinas de importancia biológica y económica en humanos, animales y agricultura.. 5

   Principales Micotoxina presente en los Alimentos. 6

   Trasmisión Alimentarias. 7

   Productos afectados. 7

   Medidas de Reducción y Control de Micotoxinas. 8

   Aplicar Buenas Prácticas de Higiene. 8

   Limitar el contenido de micotoxinas en alimentos. 8

   Descontaminación física. 8

   Control de Micotoxinas... 9

   Efectos Nocivos de la Micotoxina 9

   Toxicidad 9

   Riesgo para la Salud Humana. 10

   Factores de determinantes en la producción de micotoxinas. 10

SEGUNDA PARTE:... 11

METODOLOGÍA DE LA INVESTIGACIÓN 11

   2.1. Objetivos de la investigación 11

     2.1.1. Objetivo general.. 11

     2.1.2. Objetivos específicos 11

   2.2. Unidades de análisis.. 11

   2.3. Diseño de la investigación 11

   2.4. Técnica e instrumentos.. 11

2.5. ANÁLISIS DE LOS RESULTADOS.. 13

CONCLUSIONES Y PROPUESTAS 15

REFERENCIA BIBLIOGRÁFICA 17

RESUMEN

En el desarrollo de esta revisión se analizaron de forma general los aspectos más relevantes de las aflatoxinas como son su incidencia en alimentos, los principales impactos en la salud humana y el índice permitido en los alimentos para consumo humano. Se ha reportado la presencia mundial de aflatoxinas, sobre todo en semillas de plantas cuyas zonas geográficas de vegetación se sitúan en clima tropical; esto explica la frecuente contaminación del maíz, semillas oleaginosas como el girasol y la soja, en aceites vegetales sin refinar, en otros frutos secos como almendras, avellanas y nueces, pimentón, chile, pimienta y otros. Las aflatoxinas pueden tener un efecto muy negativo en la salud de los organismos vivos, a largo plazo se presentan efectos carcinogénicos, mutagénicos, teratogénicos, estrogénicos, inmunotóxicos, nefrotóxicos y neurotóxicos. Suelen entrar en el cuerpo a través de la ingestión de alimentos contaminados, pero la inhalación de esporas toxigénicas y el contacto cutáneo directo son rutas también importantes. También se ha encontrado diferencia de los impactos en la salud por aflatoxinas entre diferentes razas humanas ocasionados por exposición crónica a estas toxinas, por lo que el índice permitido en alimentos para consumo humano varía de acuerdo con los países y su forma de legislar. La Unión Europea ha legislado estas micotoxinas en géneros alimenticios para consumo humano y actualmente los niveles máximos admisibles están establecidos entre 2 a 8 µg kg−1 para AFB1 y de 4 a 15 µg kg−1 para la sumatoria de las cuatro aflatoxinas (B1, B2, G1, G2), dependiendo de los diferentes alimentos para consumo humano directo o como materias primas alimenticias; para las aflatoxinas totales los límites varían entre 0-35 µg kg−1 , el límite que aparece con mayor frecuencia es de 4 µg kg−1 en países europeos y asiáticos, seguido de 20 µg kg−1 , aplicado por países en América Latina y en varios países del África. También Estados Unidos, uno de los primeros en fijar un límite para las aflatoxinas, se rige por el valor de 20 µg kg−1.

Palabra claves: *micotoxinas - aflatoxinas - índice*

ABSTRACT

In the development of this review, the most relevant aspects of aflatoxins were analyzed in a general way, such as their incidence in food, the main impacts on human health and the index allowed in food for human consumption. The worldwide presence of aflatoxins has been reported, especially in seeds of plants whose geographic zones of vegetation are located in a tropical climate; This explains the frequent contamination of corn, oilseeds such as sunflower and soybeans, in unrefined vegetable oils, in other nuts such as almonds, hazelnuts and walnuts, paprika, chili, pepper and others. Aflatoxins can have a very negative effect on the health of living organisms, with long-term carcinogenic, mutagenic, teratogenic, estrogenic, immunotoxic, nephrotoxic and neurotoxic effects. They usually enter the body through ingestion of contaminated food, but inhalation of toxigenic spores and direct skin contact are also important routes. Differences have also been found in the health impacts of aflatoxins between different human races caused by chronic exposure to these toxins, so the rate allowed in food for human consumption varies according to the countries and their way of legislating. The European Union has legislated these mycotoxins in food for human consumption and currently the maximum allowable levels are established between 2 to 8 µg kg−1 for AFB1 and 4 to 15 µg kg−1 for the sum of the four aflatoxins (B1, B2, G1, G2), depending on the different foods for direct human consumption or as food raw materials; for total aflatoxins the limits vary between 0-35 µg kg−1, the limit that appears most frequently is 4 µg kg−1 in European and Asian countries, followed by 20 µg kg−1, applied by countries in Latin America and in several African countries. Also the United States, one of the first to set a limit for aflatoxins, is governed by the value of 20 µg kg−1.

Keywords: *mycotoxins - aflatoxins - index*

INTRODUCCIÓN

Las aflatoxinas son micotoxinas producidas por cepas de los hongos Aspergillus flavus y Aspergillus parasiticus, estas sustancias son altamente carcinogénicas y producen toxicidad y cáncer de hígado. Son metabolitos fúngicos secundarios, sustancias químicas producidas por hongos que pueden causar enfermedades y muerte; su formación esta asociada al proceso de esporulación del hongo estrictamente relacionado con las condiciones ambientales y la concentración de nutrientes en el medio. Fueron estudiados más a fondo a partir de 1960, cuando se reportaron varios casos de micotoxicosis en animales; no existe nivel inocuo conocido para el consumo humano (1).

Antecedentes

En un estudio realizado en el Brasil se ha encontrado aflatoxinas en 125 muestras de Chocolate en polvo, de leche, amargo, y blanco que son comercializado en dicho país, según publica la revista Food Control, raramente se ha reportado la presencia de aflatoxinas en el chocolate sin embargo se han encontraron aflatoxinas en el 80% de todos los chocolates examinados (2).

Los primeros estudios sobre la determinación de Aflatoxinas M1 en México, fueron realizados en el estado de Sonora en muestras de leche de vacas ultra pasteurizada y comercializada en dicho estado, y por otra parte tampoco se ha informado sobre la presencia de Aflatoxinas B1 en alimentos para cabras lecheras en los Estados de México. Algunos de los países en los que se han hecho investigaciones sobre alimentos, leche y derivados lácteos de cabra son: Egipto, Cuba, Portugal, España, Italia, Turquía, Kenia, Sudáfrica en la mayoría de las investigaciones se determinó la transferencia de Aflatoxinas B1 de los alimentos a Aflatoxinas M1 en la leche y queso (3).

Se analizo las muestras de los bollos de marzoca que se producen en el municipio de Arjonan en Colombia, se determinó que los niveles de aflatoxinas (B1, B2) encontrados no representan peligro para la salud humana se detectó la presencia de aflatoxinas (G1, G2) en este producto alimenticio (4).

Justificación

La Aflatoxina pertenecen a la familia de las micotoxinas, que son sustancia químicas producidas por cepas toxigenicas de hongos, principalmente Aspergillus flavus y Aspergillus parasiticus. El trabajo pretende recopilar información sobre las Aflatoxinas de forma objetiva a fin de contar con un material científico – informativo a alcance de los interesados, la cual plantea presentar el nivel de inocuidad del alimento, además del grado de control de sus niveles permitidas para consumo humano en los granos que se ingiere. Esta investigación permitirá comprender la importancia de la Aflatoxinas como un tema muy relevante para la salud humana.

Planteamiento del problema

Las aflatoxinas son consideradas como las micotoxinas con mayor impacto en la salud de humanos y animales. Son metabolitos secundarios producidos por algunos géneros de hongos filamentosos como Aspergillus spp. Que contaminan cultivos de valor agregado alrededor del mundo como el maíz, el arroz, el trigo, así como frutos secos, nueces, cacahuates, avellanas y pistaches. La exposición alimentaria a las aflatoxinas es un problema de salud pública debido a sus efectos cancerígenos, agudos y crónicos.

Ante este planteamiento se presenta la siguiente interrogante

¿Se considera a la aflatoxina como un factor de riesgo que atenta contra la salud humana?

PRIMERA PARTE:
FUNDAMENTACIÓN TEÓRICA

Micotoxina. Concepto.

Las micotoxinas son compuestos tóxicos producidos por una serie de hongos que atacan los cultivos en campo, principalmente de cereales, leguminosas, frutos secos, frutas y hortalizas en condiciones favorables de temperatura y humedad. Son compuestos químicos producidos de forma natural por una serie de hongos, principalmente, Aspergillus, Penicillinium, Fusarium y Alternaria (5).

Las micotoxinas son sustancias tóxicas cancerígenas que se originan por el crecimiento del hongo sobre subproductos, harinas, granos, frutas, y otros, incluso aún sin cosechar y producen daño en el organismo del animal y pueden transmitirse al hombre. Están presentes en casi la totalidad de las materias primas y alimentos utilizados en la alimentación de animales (6). El término "micotoxina" proviene del griego "mycos" que significa hongo y del latín "toxicum", que significa tóxico o veneno. La micotoxina normalmente está reservado a los productos químicos tóxicos producidos por unas pocas especies de hongos o mohos con capacidad para infestar cosechas en el campo o después de la cosecha y que representan un riesgo potencial para la salud de las personas y los animales a través de la ingestión de alimentos o piensos elaborados a partir de dichas materias primas. Pero, por otro lado, la ingesta directa de hongos tóxicos (por ejemplo, por un error en su identificación) es una causa bien conocida de enfermedad e incluso muerte (7).

La formación de las Micotoxinas.

En algunos casos, una determinada especie de hongo puede producir más de un tipo de micotoxina. Por ejemplo, las aflatoxinas pueden ser producidas por Aspergillus flavus, Aspergillus parasiticus y alguna otra especie de Aspergillus, mientras que la ocratoxina A es producida por Aspergillus ochraceus principalmente en las regiones tropicales y por Penicillum verrucosum en las regiones o áreas templadas. En cualquier caso, la mera presencia de un hongo conocido como productor de toxinas no implica automáticamente la presencia de sus toxinas ya que existen otros muchos factores implicados en su formación. Son varios los factores que intervienen en el proceso de proliferación fúngica y de la contaminación con micotoxinas. Los principales factores son: temperatura y humedad, tipo de suelo, la susceptibilidad del cultivo y de la variedad de que se trate, la madurez de los granos en el momento de la cosecha, los daños mecánicos o los producidos por insectos y/o pájaros sobre el cereal, el tipo de almacenamiento (7).

Impacto en la Cadena Alimentarias.

Según la Organización de las Naciones Unidas para la Alimentación (FAO), el 25% de los cultivos alimentarios mundiales se ven afectados por hongos productores de micotoxinas. Las estimaciones de las pérdidas mundiales de productos alimenticios debidas a las micotoxinas son del orden de 1.000 millones de toneladas al año. Las pérdidas económicas asociadas con los efectos de las micotoxinas en la salud humana, la productividad animal y el comercio mundial son muy significativas (5).

En esto caso es necesario proteger la salud de las personas y los animales, limitando su exposición a las micotoxinas. Como la introducción de buenas prácticas en la cadena agroalimentaria, estos compuestos siguen representando un problema, sobre todo, debido al cambio climático (5).

De acuerdo con el Sistema de Alertas Rápidas de la UE -RASFF las micotoxinas han representado el riesgo químico con mayores notificaciones de alerta y retirada de producto en el año 2017 (18,5% de la totalidad). Y, específicamente, en el 80 % de las alertas notificadas, la contaminación ha sido causada por aflatoxinas, siendo el cacahuete el producto causante de un 38,5 % de las mismas (5).

Efectos tóxicos en la Salud Humana.

Al consumir alimentos contaminados con micotoxinas, se producen en las personas y en los animales una serie de efectos tóxicos que dependen básicamente de la propia toxicidad de la/s micotoxina/s presente/s en el alimento consumido. A nivel global, se reconocen como micotoxinas 800 compuestos, pero aproximadamente 30 tienen propiedades tóxicas de importancia, variando la toxicidad de unas a otras.

Entre los efectos adversos más graves de estos compuestos figuran la genotoxicidad, carcinogenicidad, y mutagenicidad, así como problemas gastrointestinales, hepáticos o renales. Además, algunas micotoxinas actúan sobre el metabolismo de los estrógenos y son inmunodepresoras, reduciendo la resistencia a enfermedades infecciosas. Las micotoxinas pueden producir dichos efectos toxicológicos por efectos agudos y por exposición a largo plazo (5).

Factores que tienen influencia sobre la toxicidad de las micotoxinas.

Los principales factores que tienen influencia sobre la toxicidad de las micotoxinas tanto en humanos como en animales: La biodisponibilidad y la toxicidad de la micotoxina, los sinergismos entre ellas, La cantidad de micotoxina ingerida diariamente en función de la concentración. Los principales factores que tienen influencia sobre la toxicidad de las micotoxinas tanto en humanos como en animales Los principales factores que tienen influencia sobre la toxicidad de las micotoxinas tanto en humanos como en animales: la biodisponibilidad y la toxicidad de la micotoxinas, los sinergismos entre ellas, la cantidad de micotoxina ingerida diariamente en función de concentración de micotoxina y de la cantidad de alimento ingerido, la continuidad o intermitencia de ingestión de alimento contaminado, el peso de individuo y el estado fisiológico y de salud de este, la edad de individuo (8).

Especies fúngicas productoras de micotoxinas de importancia biológica y económica en humanos, animales y agricultura

Especie	Micotoxina	Efecto Tóxicos
Aspergillus spp.	Aflatoxinas	Carcinogénico y teratogénico Hepatotóxico
Fusarium spp.	Tricotecenos	Inhibición de síntesis de proteínas
Fusarium spp	Fumonisinas	Hepatotóxico y nefrotóxico
Aspergillus spp. Petromyces alliaceus Penicillium verrucosum	Ocratoxina	Nefrotóxico Hepatotóxico Carcinogénico
Fusarium spp.	Zearalenona	Estrogénico
Fusarium spp.	Beuvericina	Citotóxico
Aspergillus clavatus Rosellina necatrix	Citocalasina E	Inhibe polimerización de actina

Penicillium expansum	Patulina	Citotóxico
Claviceps purpurea	Alcaloides del ergot	Depresor del Sistema Nervioso Central
Alternaria spp.	Ácido tenuazónico	Hematotóxico
Phomopsis leptostromiformis	Fomopsina	Hepatotóxico
Pithomyces chartarum	Esporidesmina	Enfermedades en piel
Stachybotrys chartarum	Satratoxina	Inhibe síntesis de proteínas
Monascus ruber	Citrinina	Nefrotóxico

Los hongos producen una gran variedad de compuestos tóxicos, conocidos como micotoxinas, que son

de gran importancia debido a que se encuentran presentes como contaminantes de alimentos de consumo humano y animal, principalmente en cereales los cuales son la base de la alimentación (9).

Principales Micotoxina presente en los Alimentos.

Actualmente se conocen más de 200 diferentes micotoxinas presentes en granos como el maíz, trigo, cebada, arroz, semilla de ajonjolí, maní, etc., siendo las aflatoxinas, la ocratoxina A, la zearalenona, las fumonisinas y los tricoticenos las principalmente asociados a problemas de toxicidad alimentaría. Se pueden observar los principales hongos contaminantes de los alimentos y los tipos de toxinas que producir (2).

1. Alimentos y Hongos Asociados.

a. Aflatoxinas: Maní, Pistacho, nueces, maíz, semillas de algodón y cereales. Hongos: Aspergillus paraciticus, A. flavus.

b. Fumonisinas: Maíz y otros cereales. Hongos: Fusarium verticillioides, F. proliferatum

c. Ocratoxinas: Legumbres, cereales y granos de café. Hongos: Penicillum verrucosum, Aspergillus ochraceus.

d.   Patulina: Manzanas, uvas y otras frutas. Hongos: Penicillium expansum, Aspergillus giganteus, otros Penicillum y Aspergillus spp

e. Tricoticenos: Trigo, maíz. Hongos: Fusarium tric intum, F. poae y otras especies de fusarium (2).

Trasmisión Alimentarias.

Las micotoxinas pueden entrar en la cadena alimentaria por las siguientes vías: Directamente a través de los alimentos sin procesar o procesados procedentes de los cultivos afectados:

a. Los alimentos sin procesar susceptibles de la contaminación por micotoxinas son: cereales, legumbres, semillas oleaginosas, frutas, hortalizas, frutos secos, frutas desecadas, habas de café, habas de cacao y especias.

b. Los alimentos procesados que pueden contribuir a la exposición de micotoxinas, al no destruirse durante el procesado son: productos y derivados a base de cereales (pan, pasta, cereales de desayuno, etc.), Bebidas (vino, café, cacao, cerveza, zumos), y los alimentos infantiles (5).

Productos afectados.

Cualquier cosecha que se almacene por un espacio de tiempo superior a varios días es un potencial objetivo para el crecimiento de mohos y la formación de micotoxinas. La formación de micotoxinas puede tener lugar tanto en regiones tropicales como en países de clima templado, dependiendo de las especies de mohos implicadas. Los productos que principalmente se pueden ver afectados son los cereales, las nueces y otros frutos secos, el café, el cacao, las especias, las semillas de oleaginosas, los guisantes y algunas frutas, principalmente las manzanas. Las micotoxinas también se pueden encontrar en la cerveza y el vino, como resultado de la utilización de cebada contaminada, otros cereales o uvas contaminadas en su elaboración. Por último, las micotoxinas también pueden ingresar en la cadena alimentaria a través de la carne y otros productos de origen animal como los huevos, la leche y el queso, como resultado de la alimentación del ganado con piensos contaminados (7).

Medidas de Reducción y Control de Micotoxinas.

La aplicación de Buenas Prácticas de Higiene en toda la cadena de producción alimentaria y el establecimiento de límites máximos legales permitidos en los alimentos son las medidas de gestión más eficaces para reducir la exposición de la población general a micotoxinas.

Aplicar Buenas Prácticas de Higiene.

Debido a que las micotoxinas no se pueden eliminar de los alimentos una vez formadas, debido a su gran resistencia y termoestabilidad, la medida de gestión más práctica desde el punto de vista coste-eficacia, es la aplicación de Códigos de Buenas Prácticas de Higiene (CBP) para reducir la infección por los hongos productores de micotoxinas. Estas Buenas Prácticas de Higiene deben aplicarse tanto en la fase de recolección y almacenamiento de los alimentos cosechados (cereales, frutos secos, frutas, hortalizas, etc), como en el procesado, envasado, transporte y almacenamiento de los alimentos derivados.

Limitar el contenido de micotoxinas en alimentos.

Asimismo, es necesario establecer límites máximos de micotoxinas, tanto en los alimentos como en los cultivos, con la finalidad de mantener los contenidos al nivel más bajo posible (principio ALARA) para reducir la exposición humana a micotoxinas. Al respecto a las aflatoxinas, micotoxinas de mayor toxicidad por ser carcinogénica para humanos (IARC-Grupo 1), los EEMM deben aplicar unas condiciones especiales a la importación desde determinados terceros países de piensos y alimentos que pueden estar contaminados por aflatoxinas.

Descontaminación física.

El uso de tratamientos de descontaminación física, tales como la selección, está permitido para reducir el contenido de aflatoxinas de cacahuetes y otras semillas oleaginosas, excepto si van a molerse para la producción de aceite vegetal refinado. En el etiquetado de estos alimentos descontaminados físicamente debe claramente reflejarse la siguiente indicación: Este producto ha sido sometido a un proceso de selección u otro tratamiento físico para reducir la contaminación por aflatoxinas antes del consumo humano directo o de su utilización como ingrediente de productos alimenticios. A nivel científico, se ha demostrado la eficacia de la descontaminación biológica mediante la adición de enzimas purificadas y/o cultivos microbiológicos que detoxifican las micotoxinas presentes en los alimentos. Por ello, se recomienda integrar en la gestión de riesgos el uso de la biotecnología en la detoxificación de micotoxinas durante el procesado de los alimentos (5).

Control de Micotoxinas.

La dificultad para eliminar una micotoxina una vez formada hace que el mejor método de control sea la prevención. En cualquier caso, se han estudiado bastantes medidas para tratar de reducir los efectos de los mohos, como por ejemplo, el desarrollo de especies resistentes a los ataques fúngicos, estudio de métodos alternativos en el tratamiento de los suelos de cultivo, técnicas de secado y almacenamiento.Recientemente, se ha evaluado la posibilidad de adoptar un enfoque preventivo basado en los principios APPCC para tratar de determinar los Puntos Críticos de Control como herramienta de gestión para reducir o eliminar este tipo de peligros (7).

Efectos Nocivos de la Micotoxina

Las micotoxinas pueden contaminar los alimentos o las materias primas utilizadas para su elaboración, originada un grupo de enfermedades y trastornos. Dichos efectos sobre la Salud animal y humana se conocen como micotoxicosis, cuya gravedad depende de la toxicidad de la micotoxina, del grado de exposición, de la edad y el estado nutricional del individuo, y de los posibles efectos sinérgicos de otros agentes químicos a los que este expuesto (10).

Toxicidad

Elevados niveles de micotoxinas en la dieta pueden causar efecto adversos agudos y crónicos sobre la salud del hombre y una gran variedad de especies animales. Los efectos adversos pueden afectar a distintos órganos, aparatos o sistemas, especialmente al hígado riñón, sistema nervioso, endocrino e inmunitario. El riesgo de intoxicación aguda por micotoxinas en el hombre es bajo o moderado en comparación con intoxicación de origen microbiológico o por contaminantes químicos. En la exposición crónica y teniendo en cuenta la severidad de las lesiones crónicas especialmente cáncer, las micotoxinas presentan mayor riesgo toxico que los contaminantes de origen antropológico, aditivo alimentarios y plaguicidad (11).

Riesgo para la Salud Humana.

Efectos Agudos: Plaguicidad, Aditivo, Micotoxinas Fitotoxinas, Ficotoxinas, microbiológicos.

Efectos crónicos: Plaguicidad, Aditivo, Microbiológicos, Fitotoxinas, Dieta, Fitotoxinas, Micotoxinas (11).

Factores de determinantes en la producción de micotoxinas.

1. Factores intrínsecos, relacionados con la composición química y las propiedades físicas o biológicas del alimento. Este apartado incluye, entre otros, la composición del alimento, así como la actividad de agua y el pH.

2. Factores extrínsecos o propios del ambiente donde se conserva el alimento. están integrados principalmente por la temperatura de almacenamiento, la humedad ambiental, la tensión de oxígeno, la composición gaseosa ambiental o del envase, y la presencia o ausencia de luz.

3. Factores relacionados con los tratamientos tecnológicos a los que ha estado sometido el producto. Estos tratamientos pueden ser físicos principalmente térmicos, químicos y biológicos.

4. Factores implícitos, es decir, las relaciones de dependencia o competencia entre los diferentes microorganismos que se encuentran en un alimento (11).

SEGUNDA PARTE:
METODOLOGÍA DE LA INVESTIGACIÓN

2.1. Objetivos de la investigación

2.1.1. Objetivo general

Analizar los efectos nocivos de la aflatoxina que atenta contra la salud humana.

2.1.2. Objetivos específicos

1. Identificar especies micotica generadora de micotoxina.
2. Describir los efectos nocivos de la micotoxina para la salud humana.
3. Detallar índice de aflatoxina aceptada inocua para la salud humana.

2.2. Unidades de análisis

Se aplico el análisis de contenido para la descripción objetiva y sistemática de las variables de estudio a partir de cual se realizó diferencia según   Campoy Aranda (12) para la unidad de análisis se mencionar a la micotoxina el efecto nocivo de la aflatoxina y el índice de la aflatoxina.

2.3. Diseño de la investigación

La investigación cualitativa se puede considerar como la interpretación de un fenómeno donde se tratar de buscar y explicar comportamiento en el contexto donde se producen según el autor Tomas J. Campoy Aranda .Este trabajo de investigación tendrá un enfoque cualitativo que fundamenta e interpreta una repuesta objetiva hacia el descubrimiento y desarrollo de un cuerpo organizado de conocimiento y el diseño de nivel no experimental ya que se procedió a realizar análisis en base a artículos científico e investigaciones sobre el tema.

2.4. Técnica e instrumentos

Para la realización del trabajo de investigación, la técnica aplicada es la revisión de la literatura, para los cuales se recurrió para recopilación de las informaciones a los libros, artículo científico, tesis doctorado y tesis de maestría. La metodología consiste en investigar y brindar la información sobre la importancia de la aflatoxina en los alimentos y los factores de riego que puede atentar contra la salud humana y sobre la contaminación de los cultivos y productos alimenticio.

2.5. ANÁLISIS DE LOS RESULTADOS

Micotoxinas	Son sustancias tóxicas cancerígenas que se originan por el crecimiento del hongo sobre subproductos, harinas, granos, frutas, y otros, incluso aún sin cosechar y producen daño en el organismo del animal y pueden transmitirse al hombre. Están presentes en casi la totalidad de las materias primas y alimentos utilizados en la alimentación de animales	Son varios los factores que intervienen en el proceso de proliferación fúngica y de la contaminación con micotoxinas. Los principales factores son: temperatura y humedad, tipo de suelo, la susceptibilidad del cultivo y de la variedad de que se trate, la madurez de los granos en el momento de la cosecha, los daños mecánicos o los producidos por insectos y/o pájaros sobre el cereal, el tipo de almacenamiento.
Efectos Nocivos	Dichos efectos sobre la Salud animal y humana se conocen como micotoxicosis, cuya gravedad depende de la toxicidad de la micotoxina, del grado de exposición, de la edad y el estado nutricional del individuo, y de los posibles efectos sinérgicos de otros agentes químicos a los que este expuesto.	Elevados niveles de micotoxinas en la dieta pueden causar efecto adversos agudos y crónicos sobre la salud del hombre y una gran variedad de especies animales. Los efectos adversos pueden afectar a distintos órganos, aparatos o sistemas, especialmente al hígado riñón, sistemas nerviosos, endocrino e inmunitario.

Índice de Aflatoxinas		
Alimentos	Los alimentos sin procesar susceptibles de la contaminación por micotoxinas son: cereales, legumbres, semillas oleaginosas, frutas, hortalizas, frutos secos, frutas desecadas, habas de café, habas de cacao y especias. Los alimentos procesados que pueden contribuir a la exposición de micotoxinas, al no destruirse durante el procesado son: productos y derivados a base de cereales (pan, pasta, cereales de desayuno, etc.), bebidas (vino, café, cacao, cerveza, zumos), y los alimentos infantiles	Los productos que principalmente se pueden ver afectados son los cereales, las nueces y otros frutos secos, el café, el cacao, las especias, las semillas de oleaginosas, los guisantes y algunas frutas, principalmente las manzanas. También se pueden encontrar en la cerveza y el vino, como resultado de la utilización de cebada contaminada

CONCLUSIONES Y PROPUESTAS

Desde hace siglos el hombre ha utilizado los hongos que se desarrollan en los alimentos con características organolépticas diferentes, como para la producción de queso, salami, cerveza, vino, además de algunos productos farmacéuticos. No obstante, algunos hongos que crecen sobre materiales vegetales producen toxinas por síntesis de metabolitos secundarios con efectos indeseables para la salud humana. La micotoxicosis son intoxicaciones provocadas por micotoxinas que generan toxicidad crónica en el hombre por consumo de alimentos contaminados con Aspergillus flavus y Aspergillus parasiticus, los cuales son responsables de sintetizar aflatoxinas. En términos generales el riesgo de intoxicación aguda es leve o moderada en los hombres comparado con intoxicaciones de origen microbiológicos o productos químicos.

Para dar respuesta al primer objetivo especifico se puede mencionar que existen muchas especies micoticas que desarrollan micotoxicosis, de las cuales el aspergillus flavus y el aspergillus parasiticus que son capaces de sintetizar metabolitos secundarios denominados aflatoxinas que son consideradas de mayor riesgo para la salud humana.

Con respecto al segundo objetivo específico se hace referencia que varios son los efectos adversos indeseables provocadas por las micotoxinas, entre ellas las producidas por la aflatoxina B y G, como daños hepáticos agudos, cirrosis, inducción de tumores, disminución de la eficacia del sistema inmunitario, teratogénesis.

Y por último con respecto al tener objetivo se puede mencionar que Los rangos de concentraciones aceptadas de aflatoxinas en alimentos varían de acuerdo con los países y su forma de legislar, sin embargo, se pueden encontrar tendencias relacionadas a los bloques económicos mundiales. Entre los que se encuentran la Unión Europea, La Asociación de Naciones del Sudeste de Asia y el Mercado Común del Sur (MERCOSUR). Dichos grupos han armonizado sus normativas para facilitar el comercio entre naciones.

Para las aflatoxinas totales los límites varían entre 0-35 µg kg−1 , el límite que aparece con mayor frecuencia es de 4 µg kg−1 en países europeos y asiáticos, seguido de 20 µg kg−1 , aplicado por países en América Latina (donde existe también un límite armonizado en MERCOSUR) y en varios países del África. También Estados Unidos, uno de los primeros en fijar un límite para las aflatoxinas, se rige por el valor de 20 µg kg–1. Por lo tanto, para dar respuesta al planteamiento del problema se pude mencionar que la presencia de micotoxinas en especial la aflatoxina como unidad de análisis de este trabajo son consideradas de riesgo para la salud humana si su índice supera la cantidad permitida para consumo directo o en materias primas para elaboración de alimentos destinados a la población humana.

PROPUESTA

Es relevante considerar la ampliación de la investigación del tema abordado, utilizando otros enfoques metodológicos, a fin de generar fundamentos científicos mas solidos que permitan ampliar los conocimientos a fin de prevenir y controlar los efectos adversos de las micotoxinas presentes en la alimentación humana.

REFERENCIA BIBLIOGRÁFICA

1. Bogantes- Ledezma Pilar BLDBLS. Aflatoxina. Acta méd. Costarricense. 2022; 4(46): p. 174-178.

2. Hernandez Grarciarena RGBAMJQYSAMCGAVP. Analisis de aflatoxinas B1 en chocolate y derivados. Efecto de la vigilancia. Higiene y Sanidad Ambiental. 2017; 1(20): p. 1841-1845.

3. Perez Gonzalez JJ, Vega S, Gutierrez R, Escobar Medina C. Precencia de Aflatoxina B1 en alimentos para cabras en unidades de produccion de leche caprina del antiplano de Mexico. Revista Mexicana de Ciencias pecuarias. 2021; 12(2).

4. Yolana Castilla Pinedo IDMMVMGMLM. Determinación y cuantificación de los niveles de Aflatoxinas en bollos de marzoca producidos en Arjona Colombia. Avances Investigación en Ingeniería. 2011; 14.

5. Elika. Fundación Vasca para la Seguridad Agroalimentaria. Las micotoxinas en alimentos. Elika. 2018.

6. Astoviza MB, Suárez MMS. Micotoxinas y cancer. Revista cubana Invest Biomed. 2005; 24(21).

7. Ministerio de Agricultura, Alimentación y Medio Ambiente. Recomendaciones para la Prevención, El Control y la Vigilancia de las micotoxinas en las fabricas de Harinas y Sémolas. Datos abiertos. 2015.

8. Requena F, Saume E, León A. Revisión Micotoxinas: Riesgos y prevención. Zootecnia Tropical. Colección > Sumario. 2003; 23(4).

9. Ricardo Santillán Mendoza GRASPFPGVMJCMCJBM. Micotoxinas: ¿Qué son y cómo afectan a la salud pública? Revista Digital Universitaria. 2017; 18(6).

10 M. Peraica BRALyMP. Efectos toxicos de las micotoxinas en ele ser humana. Boletin
. de la Organizacion Mundial de la Salud. 2000;(2).

11 Castillo JMSD. Micotoxinas en Alimentos. España; 2015.. Disponible en:
. https://books.google.es/books?hl=es&lr=&id=wuZvCQAAQBAJ&oi=fnd&pg=PR23&dq=Efe.

12 Aranda TJC. Metodología de la Investigación Científica: Manual para la Elaboración de
. Tesis y Trabajos de Investigación Asuncion: Marben; 2019.

CON GRIN SUS CONOCIMIENTOS VALEN MAS

- Publicamos su trabajo académico, tesis y tesina

- Su propio eBook y libro - en todos los comercios importantes del mundo

- Cada venta le sale rentable

Ahora suba en www.GRIN.com
y publique gratis